数学女孩

这本书属于 ——————

米格尔·坦科

西班牙童书作者、插画师。

作品风格浪漫温暖、激情洋溢、充满想象力。

他在童年时期就痴迷于书中的图画和故事,

长大后在美国纽约视觉艺术学院进修。

目前,他在西班牙和意大利开办插画创意工作坊,教孩子们画画。

已出版绘本:《我们父子俩》《古怪的人,温暖的心》《大鼻子情圣》等。

获得的插画类荣誉包括:博洛尼亚童书展插画奖荣誉奖、

AOI插画奖提名、美国洛杉矶插画协会金奖、

美国纽约插画师协会2017年度插画师。

图书在版编目(CIP)数据

数学女孩 / (西)米格尔·坦科著 ; 祝星纯译. —
天津 : 天津教育出版社, 2020.7(2023.10重印)
  书名原文: COUNT ON ME
  ISBN 978-7-5309-8427-7

Ⅰ. ①数… Ⅱ. ①米… ②祝… Ⅲ. ①数学 – 儿童读
物 Ⅳ. ①O1-49

中国版本图书馆CIP数据核字(2020)第082629号

Copyright © 2018 by Miguel Tanco
Published by arrangement with Debbie Bibo Agency
本书简体中文版权归属于银杏树下(北京)图书有限责任公司

著作权合同登记号:图字02-2020-100

数学女孩
shuxue nǚhai

出 版 人	黄 沛
编 者	[西]米格尔·坦科
译 者	祝星纯
选题策划	北京浪花朵朵文化传播有限公司
出版统筹	吴兴元
责任编辑	常浩
特约编辑	罗雨晴
营销推广	ONEBOOK
装帧制造	墨白空间·闫献龙
出版发行	天津出版传媒集团 天津教育出版社 天津市和平区西康路35号 邮政编码 300051 http://www.tjeph.com.cn
经 销	新华书店
印 刷	天津雅图印刷有限公司
版 次	2020 年 7 月第 1 版
印 次	2020 年 10 月第 5 次印刷
规 格	16 开(889 毫米 ×1194 毫米)
字 数	3 千字
印 张	3
定 价	45.00 元

数学女孩

[西]米格尔·坦科 著　祝星纯 译

天津出版传媒集团

天津教育出版社
TIANJIN EDUCATION PRESS

在家里，
每个人都有自己的爱好。
我的爸爸有。

我的妈妈也有。

我的哥哥喜欢音乐，他练得越来越好了。

学校里有各种各样的活动可以成为我的爱好。

我把它们试了个遍，
但都不适合我。

不过有一样我非常喜欢，它是……

数学！

数学就在我们身边。
它经常藏起来，
我喜欢找到它。

操场上有几何图形。

当我们去湖边的时候，
我会把石子扔进水里，玩打水漂，
看它激起的波纹，那是同心圆的形状。

我们生活在一个
充满各种形状的世界里，
我喜欢和它们一起玩。

寻找那些完美的曲线对我来说很有趣。

我还可以帮大家解决困难的分组问题。

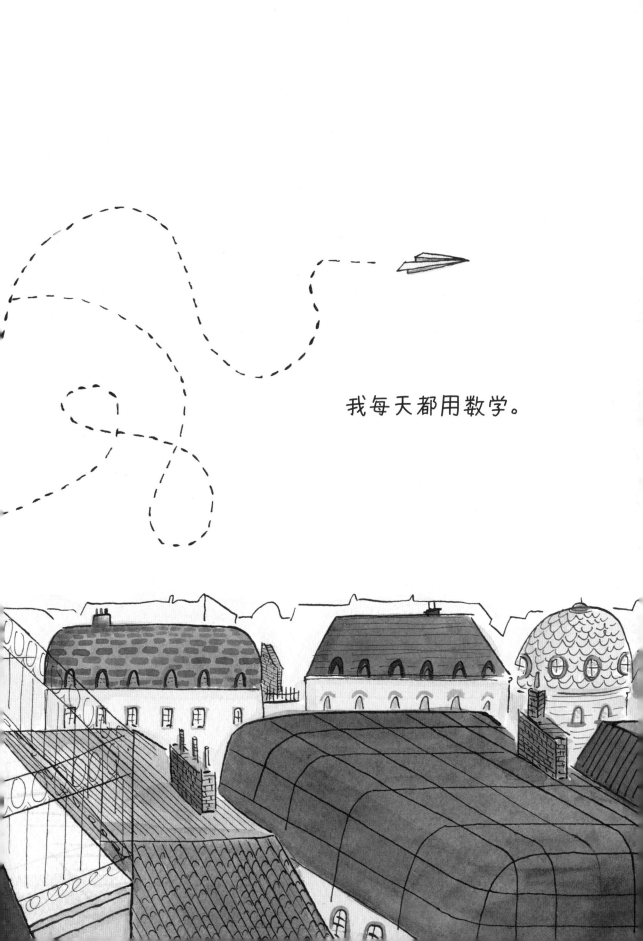

我每天都用数学。

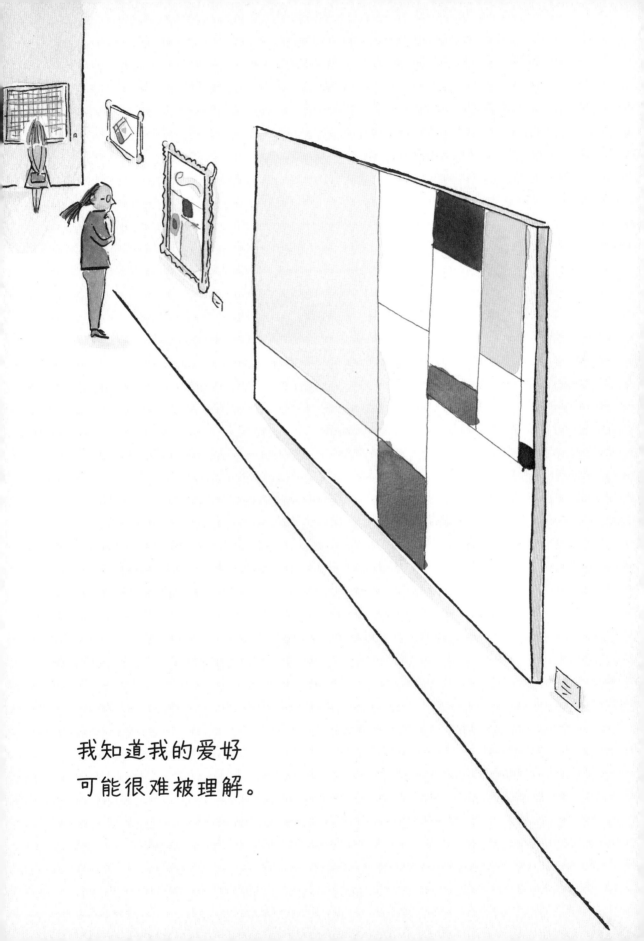

我知道我的爱好
可能很难被理解。

但是，热爱世界的方式是无限的……

数学只是其中之一。

我的数学

分形

分形是一种永无止境的图案。

分形的图案可以有不同的大小，还可以往不同的方向延伸。

这些图案可以反复生长，来创造一种连续不断的结构。

我在大自然中看到了很多分形！

"3" 式分形

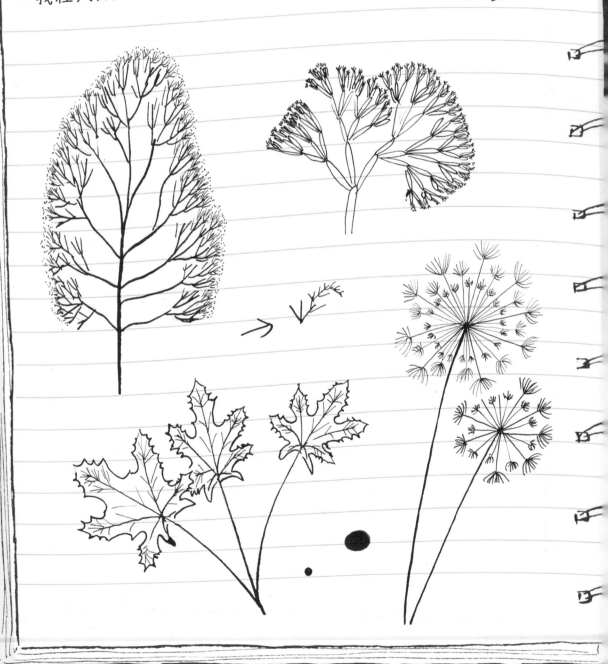

基本多边形   → □

多边形是一种完全闭合的形状，组成多边形的每一条边都是直的。多边形可以有任意数量的边。我喜欢从日常生活中的物体里找到隐藏的多边形。

同心圆

同心圆是一些有共同中心的圆圈。

就像伐木后树桩上的年轮，或是我把石子扔进湖里，

玩打水漂时留下的形状。

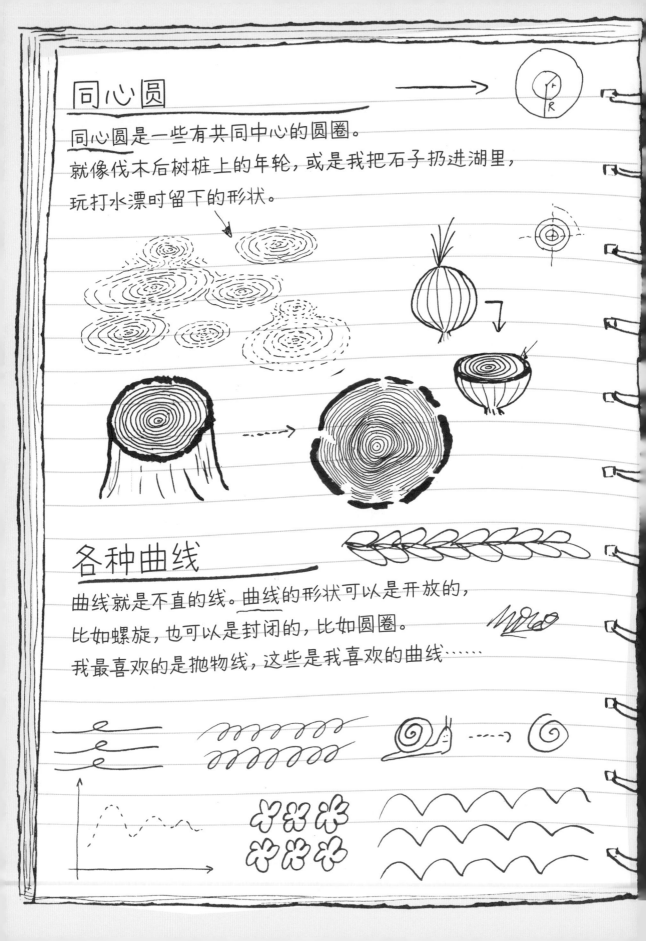

各种曲线

曲线就是不直的线。曲线的形状可以是开放的，

比如螺旋，也可以是封闭的，比如圆圈。

我最喜欢的是抛物线，这些是我喜欢的曲线……

立体图形

立体图形是三维的形状。

我知道一些立体图形的名字：

球体

圆柱体

长方体

棱锥体

正方体

圆锥体

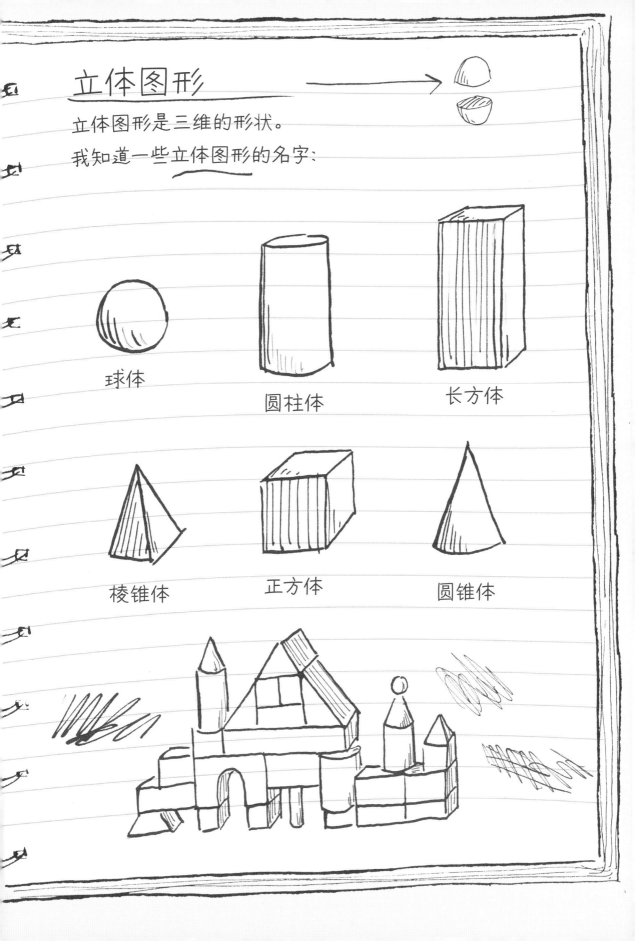

各种轨迹

轨迹是物体在空间中运动的曲线路径。

我发现，当有人踢足球时，

或有人荡秋千时，轨迹就会产生。

我还喜欢去试着预测我的纸飞机的飞行轨迹。

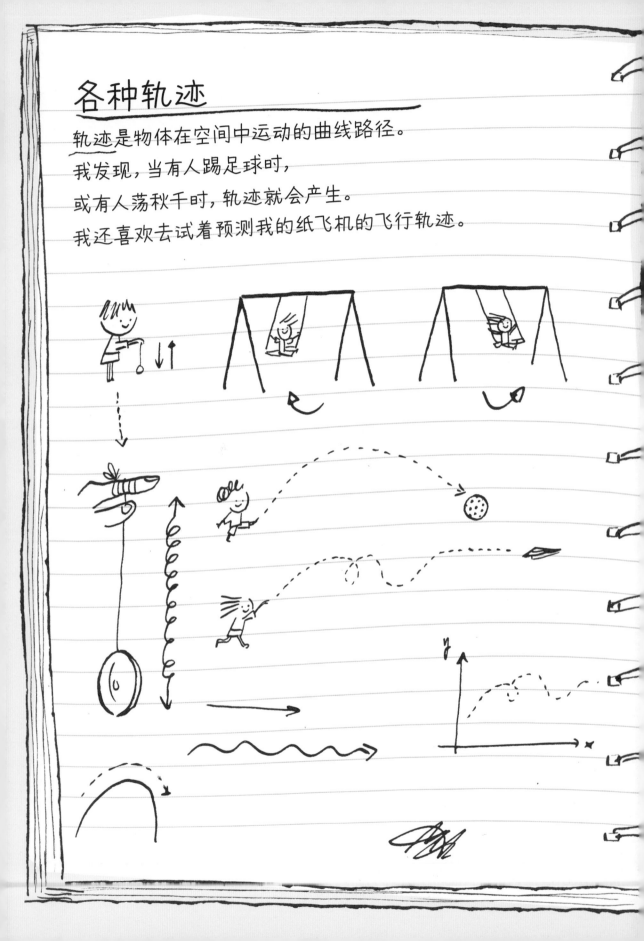

各种集合

集合是至少有一个共同特征的一组或一系列的事物。
它们可以相交、相加或分为更小的子集合。

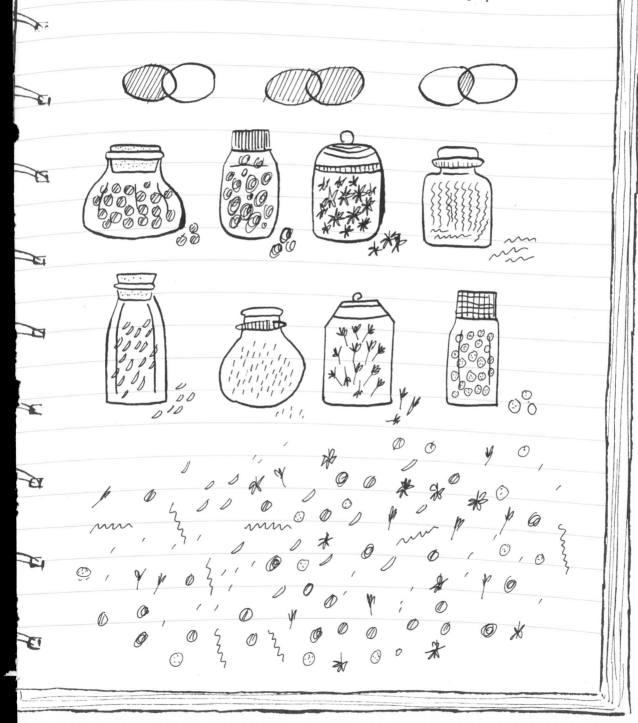

献给那些坚持自己的爱好

并走向群星的人们。

——米格尔·坦科